UNSERE
SINGVÖGEL

Impressum

Verantwortlich: Dorothea Sipilä
Übersetzung: Gabi Krause, Warngau
Umschlaggestaltung, Lektorat und Satz: VerlagsService Dr. Helmut Neuberger & Karl Schaumann GmbH, Kirchheim
Herstellung: Bettina Schippel
Gesamtherstellung: Verlagshaus GeraNova Bruckmann GmbH

★★★★★

Sind Sie mit diesem Titel zufrieden? Dann würden wir uns über Ihre Weiterempfehlung freuen.
Erzählen Sie es im Freundeskreis, berichten Sie Ihrem Buchhändler, oder bewerten Sie beim Onlinekauf. Und wenn Sie Kritik, Korrekturen, Aktualisierungen haben, freuen wir uns über Ihre Nachricht an Frederking & Thaler Verlag, Postfach 40 02 09, D-80702 München oder per E-Mail an lektorat@verlagshaus.de.

Unser komplettes Programm finden Sie unter: www.frederking-thaler.de

Alle Angaben dieses Werkes wurden vom Autor sorgfältig recherchiert und auf den aktuellen Stand gebracht sowie vom Verlag geprüft. Für die Richtigkeit der Angaben kann jedoch keine Haftung übernommen werden.
Für Hinweise und Anregungen sind wir jederzeit dankbar. Bitte richten Sie diese an:
Frederking & Thaler Verlag
Postfach 40 02 09
D-80702 München

Die Deutsche Nationalbibliothek verzeichnet diese Publikation in der Deutschen Nationalbibliografie; detaillierte bibliografische Daten sind im Internet über http://dnb.d-nb.de abrufbar.

Die englischsprachige Originalausgabe erschien 2013 unter dem Titel »Our Songbirds« bei Ebury Press, einem Imprint von Ebury Publishing, The Random House Group Ltd.

ISBN 978-3-95416-134-8

Matt Sewell

UNSERE SINGVÖGEL

FREDERKING & THALER

Zur Erinnerung an
Bill, Bob, Kath und Jenny

Inhalt

Vorwort

Wenn ich mich entscheiden müsste, welche Vögel mir die liebsten sind, dann sind es ganz eindeutig die munter trällernden Arten. Jeden Morgen wecken sie uns verlässlich mit ihrem Gesang. Wenn wir aber glauben, dass die Vögel notorische Frühaufsteher sind, dann irren wir uns. Nein, sie haben durchgemacht. Möglicherweise haben sie sogar noch einen Rausch vom Vorabend, diese kleinen Angeber.

Mag ja sein, dass Albatrosse Rekordhalter sind, wenn es auf Flügelspannweite ankommt, aber dafür stehen sie im Ruf, Unglück zu bringen. Glauben Sie mir, die echten Stars unter unseren gefiederten Freunden sind die Singvögel. Mögen sie uns auch weiterhin mit ihrer Stimmgewalt erfreuen ...

Tim Burgess, Sänger der *Charlatans*
Oktober 2012

Einleitung

Die Lautäußerungen der Vögel gehören zur natürlichen Geräuschkulisse unseres Alltags. Bei besonders lieblichen oder kunstvollen Melodien halten wir unwillkürlich inne, doch so manches Glucksen, Piepen, Schnarren, Pfeifen, Rasseln oder Krähen wird entweder überhört oder zumindest nicht bewusst zur Kenntnis genommen. Bedauerlicherweise sind einige dieser Ruf- und Gesangslaute heute weit weniger bekannt, als sie es früher einmal waren. Andere hört man dagegen immer öfter. Die Stimmen der Vögel erklingen überall um uns herum. Wir müssen uns nur die Zeit nehmen, ihnen zu lauschen.

Morgenkonzert

Im Frühjahr beginnen die in Wald und Flur versammelten Chorgemeinschaften eine Stunde vor Sonnenaufgang damit, ihre Stimmbänder zu lockern und sich einzusingen. Sie erfüllen die noch dunstige Morgenluft mit Melodien und Koloraturen aller Art. Während der Saison nehmen die Chöre bereitwillig auch noch neue Mitglieder auf, sollte im Vorbeiflug jemand Lust verspüren, sich zu ihnen zu gesellen. So legt sich Stimmlage über Stimmlage, bis schließlich eine Kakofonie unglaublichen Ausmaßes entsteht. Ein atemberaubendes Fortissimo, das wir leider häufig verschlafen.
Die Wissenschaft hat jedenfalls keine Erklärung für dieses allmorgendliche Konzert, das obendrein völlig zweckfrei zu sein scheint. Ich glaube auch nicht, dass sie je eine haben wird, da sich logisch nicht erschließt, warum die Vögel in frühlingshafter Ausgelassenheit und voller Lebensfreude der aufgehenden Sonne ihre Gesänge entgegenschmettern.

Kiebitz Vanneau
Vanellus vanellus

Früher war die Stimme des Kiebitzes allgegenwärtig. Sie war landauf, landab auf Feldern, Äckern und Wiesen zu vernehmen und so geläufig und markant, dass viele diesen eleganten Vertreter der Familie der Regenpfeifer mit seinem metallisch grün-grau schimmernden Mantel allein an seinem schrillen »kie-witt« erkennen. Der Flugruf hat ebenso wie der lustige Federschopf und die akrobatischen Balzflüge unmittelbaren Wiedererkennungswert. Landwirtschaftliche Maschinen und Pestizide machen dem Kiebitz zu schaffen, und so haben seine Bestände leider in den letzten dreißig Jahren erschreckend abgenommen. Das erklärt, warum der Ruf der Kiebitze so klagend klingt.

Rohrdommel

Butor

Botaurus stellaris

Tief in den Marschen, wohin sich kein Blässhuhn oder Teichhuhn mehr vorwagt, lebt ein eigentümlicher Vogel, halb Fabelwesen, halb Reiher. Die wenigsten bekommen ihn zu Gesicht, aber alle sprechen über ihn, mit gedämpfter Stimme, als könne ihn das leiseste Geräusch im Umkreis von 15 Kilometern noch weiter ins Dickicht der Sümpfe treiben. Jedes Frühjahr macht sich das Männchen im Schutze des Schilfs zu einer freien Stelle am Ufer auf, um dort seinen gutturalen Balzruf auszustoßen. Ähnlich dem dröhnenden Tiefbass bei einer Techno-Party ist dieses tiefe »Uuuu« im Umkreis von eineinhalb Kilometern zu hören. Zur Erzeugung des nebelhornartigen Tons atmet das Männchen einmal ganz tief ein, bläht seinen Hals beidseitig auf wie einen Blasebalg und lässt dann die Luft nach und nach hinaus, in der Hoffnung, so die Aufmerksamkeit eines Weibchens zu erregen, das sich nicht minder gut getarnt und genauso scheu wie ihr buhlender Beau im Schilf versteckt.

Höckerschwan
Cygnus olor

Zugegeben, der majestätische, von unseren Gewässern nicht wegzudenkende Höckerschwan ist nicht wirklich ein Singvogel, aber er verfügt über ein durchaus umfangreiches Stimmrepertoire. Sein Gurgeln, Schnarren und manchmal auch böses Zischen ist jedenfalls nicht zu überhören. Ich persönlich schmelze förmlich dahin, wenn ich Jungschwäne höre, die selbstbewusst, aber noch im jugendlichen Flaumkleid flussaufwärts ihren Eltern folgen und dabei Fieplaute von sich geben wie junge Welpen, die erst vor ein paar Tagen das Licht der Welt erblickt haben.

Kanadagans
Branta canadensis

Wir kennen diese kanadische Sippe aus Parks und von Flussufern, sehen die Gänse immer wieder um Brotkrumen streiten oder einfach nur das Leben genießen. Sie sind friedliche Zeitgenossen, die versuchen, sich ihrer Umgebung anzupassen. Was einem an dieser gezielt bei uns angesiedelten Art als Erstes auffällt, ist ihre Freundlichkeit. Mit geradezu ausgesuchter Höflichkeit beziehen sie Jahr für Jahr ihr Überwinterungsquartier.

Umgänglichkeit zählt zu den herausragenden Eigenschaften dieser Tiere, ein Schwarm lautstark trompetender Kanadagänse in V-Formation am Herbsthimmel ist jedoch ein echtes Erlebnis. Das Ganze erinnert an eine Gruppe Halbstarker, die um die Häuser zieht und der es nur mit Mühe und extremer Willensstärke gelingt, die Rotte halbwegs zusammenzuhalten.

Eiderente

Somateria mollissima

Ganz weit oben im hohen Norden lebt diese gedrungen wirkende Meerente mit den flauschig-weichen Eiderdaunen. Ihre Lautäußerungen klingen wie Klatsch und Tratsch hinter vorgehaltener Hand – ein »uh« hier, ein »ah« da – und damit ganz anders als das klassische »wak wak wak« der an jedem Gewässer und in jeder Stadt zu findenden Stockente.

Blässhuhn *Foulque macroule*
Fulica atra

Warum an dieser Stelle jetzt nicht das Teichhuhn steht, das mit seiner roten Stirnplatte und seinem roten Schnabel mit der gelben Spitze so viel hübscher ist? Das Blässhuhn wirkt dagegen doch blass und kahl. Aber haben Sie den Blesshühnern mal auf die Füße geschaut? Die sehen zwar aus, als steckten sie in abgewetzten, zu großen Gummihandschuhen, erweisen sich aber beim Laufen übers Wasser als ungemein praktisch – sofern im Wasser genügend Algen sind. Das Blässhuhn ist ungefähr so groß wie ein Teichhuhn mit Badekappe und zeichnet sich nicht gerade durch seine anmutige Stimme aus. Im Orchester säße es wohl bei den Trompetern.

Austernfischer
Haematopus ostralegus

Ein kräftiger, hübsch anzusehender Küstenbewohner in elegantem Schwarz-Weiß-Look mit einer Vorliebe für alle Arten von Muscheln, Schnecken und andere Weichtiere. Der Austernfischer ist ein Romantiker, der die Damen nicht nur mit seinem auffällig orangeroten Schnabel, seinen fantasievollen Balztänzen und Aphrodisiaka aller Art beeindrucken will. Der Austernfischer singt – oder besser schreit – seine Gefühle heraus. Als betörend kann man diesen Gesang beim besten Willen nicht bezeichnen, aber immerhin zeigt er Wirkung.

Säbelschnäbler

Avocette

Recurvirostra avosetta

Mit seiner auffällig eleganten und anmutigen Erscheinung gehört der Säbelschnäbler eigentlich auf die Pariser Laufstege und nicht ins Wattenmeer. Doch so beeindruckend der Look, so enttäuschend die Stimme. Kein Wunder. Singen Sie mal mit einem nach oben gebogenen Schnabel.

Bekassine
Gallinago gallinago

Bécassine des marais

Mit einem Schnabel so lang wie ein Zollstock vergeht der Bekassine verständlicherweise die Lust am Singen, und mit ihrem bräunlich geflecktgestreiften Gefieder ist sie für die Geländeübung besser gerüstet als für die Brautschau. Auch stimmlich können die Männchen bei den Weibchen nicht wirklich punkten. Dafür schinden sie mit ihrer Flugshow mächtig Eindruck. Und plötzlich klingt ihr »tick-er tick-er tick-er« eigentlich ganz interessant.

Waldschnepfe
Scolopax rusticola

Bécasse des bois

Waldschnepfenmännchen sind vermutlich nie aus dem Stimmbruch herausgekommen. Ihr tiefes »quorr quorr« schlägt nämlich unvermittelt in ein hohes »pfuitz« um. Und so wird ihr Balzgesang denn auch tatsächlich als »Quorren« und »Pfuitzen« bezeichnet. Eigentlich schwer vorstellbar, dass diese Frequenzwunder als Delikatesse gelten und daher in vielen Teilen Europas bejagt werden. Was soll man diesen armen Tröpfen raten? Grundsätzlich immer gegen den Wind balzen, damit die schießwütigen Waidmänner nicht auf sie aufmerksam werden.

Großer Brachvogel
Numenius arquata

Courlis cendré

Stellen Sie sich vor, Sie haben sich bei dichtem Nebel in Moor oder Marsch verirrt und hören ein unheimliches Klagen … Der Hund von Baskerville? *American Werewolf* an der Nordseeküste? Weit gefehlt. Vermutlich lauschen Sie gerade dem wehmütigen Ruf des Großen Brachvogels. Diesem nicht gerade zierlichen Vogel mit seinem stark nach unten gekrümmten Schnabel würde man derartige Sangeskünste gar nicht zutrauen, doch sein ergreifendes Klagelied rührt Angler und Wanderer immer wieder aufs Neue.

Mantelmöwe Goéland
Larus marinus

Die Mantelmöwe hat etwas Bedrohliches. Groß wie ein Schäferhund, mit einem stechenden Blick und Ehrfurcht gebietendem Schnabel, an dem das Blut eines unvorsichtigen Tieres, Vogels oder Menschen zu kleben scheint. Dieser Vogel hat einen geradezu brutalen Gesichtsausdruck. Die Mantelmöwe kann bis zu 30 Jahre alt werden und hat keine Fressfeinde – sie ist der Fressfeind. Es gibt nichts, was nicht auf ihrem Speiseplan stünde. Ihre Ankunft kündigt sie mit einem lauten »Ki-orr« an, ein durch Mark und Bein gehendes Kreischen, das aber zumindest in den Ohren der Seeleute, wenn sie nach Jahren auf hoher See heimkehrten, wie betörender Sirenengesang geklungen haben muss.

Silbermöwe
Larus argentatus

Goéland argenté

Wir kennen die Silbermöwe als Ruhestörer, als Wühler in Abfallkörben, als frechen Pommes-Frites-Dieb und als Müllhalden-Dauergast, aber ihre heiseren Rufe gehören ebenso wie Wind, Sand, Wasser und Salz zu unseren Erinnerungen an schöne Sommertage am Meer.

Dreizehenmöwe
Rissa tridactyla

Mouette tridactyle

Dieser niedliche Seevogel mit seinen drei auffälligen, dunkel gefärbten Zehen ist ähnlich dem Kuckuck und dem Zilpzalp ein munterer Plauderer, der den ganzen Tag lang über Gott und die Welt reden kann. Der Lebensraum der Dreizehenmöwe ist das offene Meer. An die Küsten verschlägt es sie nur zur Brutzeit und selbst dann reicht ihre Affinität zur Küste bestenfalls bis Helgoland. Ins Binnenland verirren sich diese Hochseevögel so gut wie nie, es sei denn, sie wurden vom Winde verweht.

Wespenbussard
Pernis apivorus

Er ist etwas kleiner, heller im Gefieder und höher in der Tonlage als der weitverbreitete Mäusebussard, dessen charakteristisches »hiäääh« ganzjährig in Wald und Flur erschallt. Die Stimme des Wespenbussards klingt heller, fast wie die eines schreienden Katzenbabys. »Miez, Miez, Miez« … vielleicht kann man ihn ja damit aus seinem Versteck locken. Wespenbussarde sind nämlich ein eher seltener Anblick und auch nur für das geübte Auge erkennbar.

Steinadler
Aquila chrysaetos

Wie die meisten größeren Kaliber am Himmel ist auch der Steinadler wenig ruffreudig. Seine Stimme ist praktisch nur in der Nähe des Horsts zu vernehmen. Nun sind die heiseren Schreie und das schrille Kreischen bei den Balzflügen auch nicht das Haupterkennungsmerkmal des Königs der Lüfte. Eine derart majestätische, Ehrfurcht gebietende Erscheinung braucht keine Erkennungsmelodie. Kraft, Mut, Würde – das sind die typischen Eigenschaften dieses Greifvogels, der bisweilen auch in den Bayerischen Alpen gesichtet wird, unschwer erkennbar an seiner Flügelspannweite von über zwei Metern, seiner charakteristischen Flugsilhouette und den weißen Federpartien seiner Hand- und Armschwingen. In den Bayerischen Alpen sorgen mittlerweile Steinadler-Schutzprogramme dafür, dass man künftig hoffentlich wieder mehr dieser stattlichen Vögel zu Gesicht bekommt.

Wanderfalke

Falco peregrinus

Der Ruf des Wanderfalken kündigt nicht selten das nahe Ende einer armen Taube an, die dann auch tatsächlich Sekunden später in den Fängen des pfeilschnell herabschießenden Vogels ihr Leben aushaucht. Der Wanderfalke ist nicht nur einer der schnellsten Vögel der Welt, sondern mit Spitzengeschwindigkeiten von 340 Kilometern pro Stunde, die er im Sturzflug erreicht, nahezu konkurrenzlos. Ursprünglich ein Bewohner felsiger Regionen, war der Wanderfalke früher für die Beizjagd sehr geschätzt, allerdings war seine Haltung das Privileg der Könige und Adligen. Nach dem Mittelalter fiel der stattliche blaugraue Vogel in Ungnade und entging nur knapp der Ausrottung durch Abschuss und Vergiftung. Mittlerweile nehmen die Bestände wieder zu, und so kann man die Rufe der Falken heute auch in vielen Städten hören, wo Kirch- und Wassertürme den Tieren als Ersatzbrutplätze dienen.

Rotmilan

Milan rouge

Milvus milvus

Der Ruf des Rotmilans ist nur schwer zu hören, weil er vermutlich vom Straßenlärm übertönt wird. Im Mittelalter waren die in ganz Europa weitverbreiteten Rotmilane häufig als Abfallvertilger in den Städten anzutreffen. Man stelle sich vor, wie es wäre, wenn heute anstelle der vielen Tauben lauter Rotmilane die Städte bevölkerten. Irgendwie bedrohlich, aber auch faszinierend. Der Rotmilanbestand wurde wie bei vielen Greifvögeln durch Abschuss und Vergiftung stark dezimiert. Heute wird der gesamte Bestand auf höchstens 22 000 Brutpaare geschätzt, von denen allein die Hälfte in Deutschland beheimatet ist. Dank diverser Maßnahmen zur Bestandspflege bekommt man Rotmilane jetzt wieder etwas häufiger zu Gesicht, manchmal sogar in größeren Scharen, nicht selten vom Auto aus, da Rotmilane auf stark befahrenen Straßen Ausschau nach Tierkadavern halten.

Steinkauz Chouette
Athene noctua chevêche

Dieses ruhige Kerlchen ist häufig auch bei Tag anzutreffen. Entweder sitzt der Steinkauz dann meditierend auf einem Zaunpfahl oder blickt geistesabwesend auf den Verkehr. Begrüßt man ihn im Vorbeigehen mit einem freundlichen »Guten Tag«, wird er mit einem respektvollen Kopfnicken und einem fast miauenden Laut antworten, bevor er sich in die Lüfte erhebt und sich an einem ruhigeren Ort wieder niederlässt, wo er vor überfreundlichen Passanten sicher ist. Sein Lautrepertoire umfasst nicht die klassischen, nächtlichen und als unheimlich empfundenen Eulenrufe. Er ist eben ein sehr freundlicher Zeitgenosse, mit Sicherheit die höflichste aller Eulenarten.

Waldohreule
Hibou moyen-duc

Asio otus

Wird man von einer Waldohreule völlig unbefangen von oben herab gemustert, fühlt man sich unwillkürlich taxiert oder sogar bedroht, insbesondere wenn einen die Eule von Kopf bis Fuß beäugt und dabei ein vielsagendes »huh« oder »öörg« ausstößt. Sie ist arrogant und eingebildet und das aus gutem Grund, denn ihr Anblick ist wahrlich atemberaubend.

Eulen haben im deutschen Aberglauben seit jeher ihren festen Platz. Das gilt für den Waldkauz ebenso wie für die Schleiereule, die früher in einigen Regionen als Todesbote angesehen wurde.

Kolkrabe Corneille.

Corvus corax

Elstern erkennt man am rasselnden Schäckern, Eichelhäher am rauen Rätschen, Dohlen am metallischen Schnalzen. Krähen – der Name kommt ja nicht von ungefähr – haben ihr Krähen und Raben ihr Krächzen. Der Kolkrabe praktiziert das rollende »Zungen-R«, und zwar vorzugsweise hoch oben über Bergen und Felsenregionen. Seine gutturalen Rufe lösen bei Wanderern, Landarbeitern und allen, die sich in Hörweite befinden, meist ein gewisses Unbehagen aus.

Auerhuhn Grand Tetras
Tetrao urogallus

Fasane krähen unmelodisch metallisch laut,
Moorschneehühner platzen geradezu mit ihrem kräftigen
Gegacker heraus, und scheucht man Rebhühner
im Unterholz auf, ergreifen sie mit einem lauten
»kri-kri-kri« die Flucht. Federwild zeichnet sich grundsätzlich
durch seinen Country-Look und plötzliche, urgewaltige
Stimmausbrüche aus, allen voran der Auerhahn, der
seine aufwendigst inszenierte Balz mit einem sehr
eigentümlichen Balzgesang untermalt – als würde man
eine Dose mit einem Tischtennisball darin schütteln.
Ehrlich! Genauso klingt es.

Wachtelkönig

Caille

Crex crex

Eines Tages beschloss der Wachtelkönig, damals noch ein Wasservogel, seinen bisherigen Lebensraum zu verlassen und an Land zu gehen. Er kehrte nie zurück.

Heute bevorzugt der Wachtelkönig Feuchtwiesen und Schilfgebiete, denn diese bieten dem scheuen Vogel, der in dieser Hinsicht der Wasserralle in nichts nachsteht, gute Tarnung. Zwischen den Rohrkolben und Gräsern ist er praktisch unsichtbar.

Seine Rufe geben genauso viele Rätsel auf wie dieser seltsame Zeitgenosse überhaupt. Ein kryptisches Knarren, oft stundenlang wiederholt – ähnlich dem Vibrieren eines Mobiltelefons, nur lauter und eigenwilliger –, akustisch wirklich gewöhnungsbedürftig.

Turteltaube Tourterelle
Streptopelia turtur des bois

Die Garderobe der Turteltaube stammt aus Großmutters Zeiten: weiße Spitzen, durchbrochenes Schultertuch und pastellfarbene Kniehosen. Turteltauben würden mit ihrem sanften Gurren selbst angespannteste Menschen in kürzester Zeit in den Schlaf lullen, sofern diese die Muße haben, es sich im Schatten einer Eiche bequem zu machen. Ein seltener Anblick, so eine Turteltaube. Und mit jedem Sommer wird er seltener. Die Dinge aus der guten alten Zeit sind heutzutage eben Mangelware. Obendrein wird in manchen Gegenden Europas auch noch Jagd auf diese hübschen Vögel gemacht.

Kuckuck
Cuculus canorus

Kuckuck auf Deutsch, *coucou* auf Französisch, *guguk* auf Türkisch und *côg* auf Walisisch. Vielleicht hat er einen Akzent, aber er sagt überall das Gleiche. Der Kuckuck, wie wir ihn kennen, ist lediglich ein Vertreter einer großen Familie seltsamer Zeitgenossen, bestehend aus Brutparasiten, Kleinwüchsigen, Rollentauschspezialisten und langbeinigen Läufern wie dem amerikanischen Wegekuckuck. Letzterer existiert auch als Zeichentrickfigur. Wer kennt ihn nicht, den Roadrunner mit seinem »Miep Miep«? Dabei sollte er doch eigentlich »kuckuck« sagen.

Eisvogel
Martin-pêcheur

Alcedo atthis

Ein Vogel wie nicht von dieser Welt, ein Kunstwerk aus elysischen Gefilden. Beim Anblick dieses überirdischen Winzlings fängt der Mensch unwillkürlich an, alles bisher Gesehene, Gehörte, Gelesene einschließlich der eigenen Existenz infrage zu stellen. Das ist wohl auch dem Eisvogel klar. Und so beschert er uns großzügig, wie er ist, ein paar Millisekunden, in denen wir einen Blick auf ihn erhaschen, wie er pfeilschnell durch die Luft schießt, bevor er sich davonmacht, um den nächsten armseligen Tropf in ehrfürchtiges Staunen zu versetzen.

Wer auf dem Rücken mit einem derart prächtigen Blau und auf der Unterseite mit einem derart leuchtenden Orange besticht, sollte eigentlich auch göttliche Melodien aus seiner Kehle zaubern können. Man erwartet fast ätherische Fanfarenklänge von diesem kleinen Herold. Das scheitert jedoch am Mundstück, denn leider braucht ein Eisvogel zur Fischjagd einen langen dolchartigen Schnabel, was wiederum die erwarteten Sphärenklänge auf kurze scharfe Rufe reduziert. Enttäuscht? Nicht doch, zuhören lohnt sich, denn so verbringt man immerhin etwas mehr Zeit mit dem spektakulärsten Vertreter unserer einheimischen Vogelwelt.

Ziegenmelker
Caprimulgus europaeus

Er ist schon eine seltsame Kreatur, dieser Ziegenmelker, der wie eine Kreuzung aus Eule, Mauerschwalbe und Fledermaus wirkt. Der nachtaktive Vogel mit seinen großen Augen und seinem scharfen Schnabel gibt den Menschen seit jeher Rätsel auf. Angeblich – so hieß es in der Antike – sog er nachts den Ziegen die Milch aus dem Euter. In Wirklichkeit ernährt er sich jedoch von Fluginsekten aller Art.

Zu so einem eigentümlichen Gesellen gehört natürlich auch ein eigentümlicher Gesang: ein seltsam dumpfes Summen oder Brummen, das am ehesten mit dem Geräusch eines in Zeitraffergeschwindigkeit laufenden Uhrwerks vergleichbar ist. Etwas gespenstisch, wie überhaupt eine Aura des Unheimlichen diesen seltsamen Kauz, pardon, diese Schwalbenart umgibt.

Rauchschwalbe
Hirundo rustica

Hirondelle rustique

Von allen Hochfliegern hat die Rauchschwalbe den schönsten Gesang. Nach einer endlosen Reise von der Südhalbkugel in den Norden Europas findet sie sich pünktlich zum Sommeranfang wieder bei uns ein und sorgt mit ihrem hohen »wid wid« zusammen mit dem »tritri« der Mehlschwalben und dem schrillen »sriii sriii« der Mauersegler für die gewohnte sommerliche Geräuschkulisse.

Die ruffreudige Rauchschwalbe lässt ihre Stimme bei jeder Gelegenheit ertönen: in luftiger Höhe, am Brutplatz oder auch auf Telefonleitungen. Ein Hörerlebnis vom Feinsten beschert sie uns zum Herbstbeginn, wenn sich die Schwalben sammeln und auf ihren Interkontinentalflug vorbereiten, denn jetzt geht es in die afrikanischen Überwinterungsquartiere. Die Jungschwalben bilden die Nachhut, aufgeregt, voller Erwartung und daher fröhlich in den Chor einstimmend, auf dem Abflug in ihr erstes großes Abenteuer. Postkarte schicken nicht vergessen!

Feldlerche Alouette
Alauda arvensis des champs

Die sommerlichen Sinneseindrücke erfreuen Augen, Ohren und Nase gleichermaßen. Ein Erlebnis der besonderen Art beschert uns jedoch die Feldlerche, die über Feldern und Wiesen jubilierend in den blauen Himmel steigt, um dann irgendwann wieder langsam Richtung Erde zu sinken, als würde sie von ihren kristallklaren Melodien getragen, bis sie schließlich wohlbehalten wieder landet. Wenn sich die Lerche trillernd in die Luft erhebt, bleibt kein Herz unberührt.

Ohrenlerche
Eremophila alpestris

Dieser niedliche gefiederte Sänger ist zusammen mit anderen skandinavischen Gästen wie dem Seidenschwanz und der Wacholderdrossel bisweilen auch in unseren Gefilden anzutreffen, dort allerdings nur in Küstenregionen, wo die Ohrenlerche in luftiger Höhe über Strand und Gischt ihr Liedchen trällert. Ein Glückspilz, wer diesen Wintergast mit seiner auffälligen Gesichtsmaske, der schwarzen Halsbinde und den Teufelshörnern zu Gesicht bekommt.

Troglodyte mignon

Zaunkönig
Troglodytes troglodytes

Zaunkönige gibt es weltweit zuhauf: Carolinazaunkönige, Grünschlüpfer, Felsenzaunkönige, Waldschlüpfer, Türkisstaffelschwänze und Prachtstaffelschwänze, um nur einige zu nennen, aber keiner hat ein derart gewaltiges Stimmorgan wie unser allseits bekannter europäischer Vertreter. Wo dieser Winzling sein Lied hinschmettert, wächst kein Gras mehr.

Waldlaubsänger/Fitis/Zilpzalp
Phylloscopus sibilatrix/Phylloscopus trochilus/Phylloscopus collybita

Als Bewunderer sämtlicher Vogelarten möchte ich selbstverständlich keine Gattung voreingenommen oder diskriminierend behandeln, aber bei den Laubsängern fängt es schon einmal damit an, dass ich sie nicht auseinanderhalten kann, weil sie alle gleich aussehen. Da hilft nur ein Trick: hinsetzen und zuhören. Dann stellt man nämlich sehr schnell die Unterschiede fest. Jede Art hat ihren akustischen Fußabdruck, von Rassellauten über wehmütige Klagelaute, hohes Fiepen und keckes Pfeifen bis hin zum typischen »zilp-zalp« des gleichnamigen Sängers.

Dorngrasmücke
Sylvia communis

Fauvette grise

Die Dorngrasmücke ist im Gebüsch nur schwer auszumachen, an ihrer weißlichen Unterseite aber immerhin deutlich von den anderen Grasmückenarten zu unterscheiden, zumal sie zu den größten Vertretern dieser Art zählt. Ihre Stimme besticht nicht gerade durch Liebreiz, und auch ihr Geplapper klingt eher gequetscht und unmelodiös. Die Dorngrasmücke beehrt uns nur im Sommer mit ihrem Besuch. Dann flüchtet sie nämlich vor der Hitze ihrer afrikanischen Heimat. Wer weiß, ob sie nicht trotzdem immer mal wieder auf einen Snack dorthin zurückkehrt.

Fauvette des jardins

Gartengrasmücke
Sylvia borin

Ein ungeschliffener Diamant sowohl optisch als auch akustisch. Dieser kleine hellbraune Singvogel hütet sein Gesangstalent wie ein Staatsgeheimnis. In olivbraun-graues Gefieder gehüllt, kann die Gartengrasmücke im Schutze des Unterholzes ungestört ihren tiefen, vollklingenden Gesang ertönen lassen – wie ein schüchternes Mädchen, das heimlich in seinem Zimmer Liebeslieder in die Haarbürste singt. Beide singen einfach nur für sich.

Ganz anders der mit ihr verwandte Schilfrohrsänger, der stolz und hoch aufgerichtet ganze Salven seines »tscheck tscheck tscheck« und »schrrrr« im Wechsel mit einzelnen Pieplauten in die Umgebung jagt, um jedem, der sich in Hörweite befindet, nachdrücklich klarzumachen, dass er mit einem Stimmorgan gesegnet ist, von dem er durchaus Gebrauch macht.

Bartmeise Panure à moustaches

Panurus biarmicus

»Psching psching psching«. Schrill und durchdringend – ein Albtraum für jeden Hund, der sich ins Schilf verirrt. Da ist man nicht nur der Nässe des Schilfs ausgesetzt, sondern obendrein auch noch dieser Hochfrequenz-Kakofonie. Zum Ausgleich besticht der Vogel wenigstens durch sein Äußeres: langer schwarzer Bartstreif auf hellem blaugrauem Untergrund und lange prächtige Schwanzfedern. Stilsichere Eleganz gepaart mit ästhetischer Farbgebung. Ein echter Hingucker, der selbst den passioniertesten und erfahrensten Vogelbeobachtern Rufe des Entzückens entlockt und natürlich erst recht jedem weniger verwöhnten Naturfreund.

Trauerschnäpper
Ficedula hypoleuca

Gobe-mouche noir

Nein, er hat keine Fliege im Schnabel. Das sind seine abstehenden Barthaare. Man kann sich glücklich schätzen, wenn man mal einen Trauerschnäpper zu Gesicht bekommt, denn diese hübsch anzusehenden Zeitgenossen zeigen sich nur selten und auch nur im Sommer. Ein wirklich entzückender Vogel, der mit seinem heiteren Zwitschern unser Ohr erfreut, allerdings sehr viel seltener zu hören ist als der mit ihm verwandte, weniger spektakuläre Grauschnäpper, der mehr wie eine rostige Schubkarre klingt.

Schwarzkehlchen Tarier pâtre
Saxicola torquata

Dieser muntere Plapperer bevorzugt als Lebensraum Moore und Heiden. Stechginsterbüsche gehören zu seinen Lieblingsaufenthaltsorten. So spektakulär seine orangefarbene Brust, so unscheinbar sein Gesang. Aber als Wachposten ist er unbezahlbar. Mit einem markanten »tack tack tack« macht er alle seine Artverwandten darauf aufmerksam, dass sich schon wieder so ein verrückter Zweibeiner mit Fernglas nähert und es wohl an der Zeit wäre, sich tiefer ins Dornengestrüpp zurückzuziehen. Ein echter Spaßverderber, dieses Schwarzkehlchen!

Steinschmätzer Traquet motteux
Oenanthe oenanthe

Mit diesen scheuen Bergbewohnern verhält es sich ähnlich wie mit den Gipfeln in ihrem Lebensraum: Je näher man ihnen kommt, desto weiter rücken sie in die Ferne. Wem das Glück beschert ist, einen Steinschmätzer aus der Nähe zu sehen, kann erstens seinen hübschen blaugrauen Scheitel und Rücken bewundern und zweitens dem kleinen Kerlchen auf seiner felsigen Singwarte vielleicht sogar beim munteren Trällern zuhören.

Wiesenpieper Pipit farlouse
Anthus pratensis

Pieper gibt es wie Sand am Meer: Strandpieper, Brachpieper und Baumpieper. Der Wiesenpieper ist vom Temperament und Aussehen her eigentlich schon fast eine Singdrossel. Er zeichnet sich nicht nur durch sein lebhaftes, geselliges Wesen aus, sondern auch durch die Vielschichtigkeit seines Gesangs. Bei manchen Liedern weiß man sofort, dass man sich den Text garantiert nicht merken kann. Die des Wiesenpiepers gehören dazu.

Rouge-gorge

Rotkehlchen
Erithacus rubecula

Das Rotkehlchen beglückt uns das ganze Jahr über mit seinem Gesang. Erstaunlich, welches Repertoire an Liedern dieser temperamentvolle Geselle aus seiner leuchtend roten Brust hervorzaubert: jubilierende Freudengesänge, laute schnelle Nummern, alte Gassenhauer und sanfte Balladen. Gärten und Parks gewinnen ungemein an Atmosphäre, wenn im Hintergrund die größten Hits der Rotkehlchen laufen.

Rossignol philomèle

Nachtigall
Luscinia megarhynchos

Nachtigall – den Namen kennt jeder, aber würden Sie eine Nachtigall auf der Straße wiedererkennen, oder könnten Sie spontan eine ihrer Melodien nachsingen? Wohl eher nicht. Die legendäre Berühmtheit des Nachtigallengesangs hat den unscheinbaren Vogel, der sich dahinter verbirgt, vollständig in den Hintergrund treten lassen. Aber da die Nachtigall sowieso eher scheu und zurückhaltend ist, macht es ihr wohl nichts aus, dass ihr Ruhm ausschließlich ihrem Gesang zu verdanken ist. Mag sie sich auch noch so tief in der Hecke verstecken, ihr wohltönender Gesang wird immer als Hörerlebnis der besonderen Art empfunden. Kein Wunder, dass er auch in Literatur und Dichtung Eingang gefunden hat. Wem es vergönnt ist, diesen Sphärenklängen zu lauschen, sollte beide Ohren weit aufsperren, sich von der Melodie verzaubern lassen, die Kunde vom betörenden Gesang der Nachtigall in die Welt hinaustragen und ihren Ruhm mehren.

Merle

Amsel
Turdus merula

Einer der bekanntesten Vögel unter der Sonne.
Ursprünglich in Wäldern beheimatet, ist die Amsel
seit Langem auch überall in den Städten anzutreffen.
Ihre anheimelnden Glueckslaute und die selbstbewusst
herausgeschmetterten Reviergesänge der Männchen werden
von der Zuhörerschaft jeden Tag aufs Neue geschätzt.
Aber wehe dem, der sich versehentlich auf weniger als
zehn Meter ihrem Nest nähert. Eine Amsel ist tapfer.
Unerschrocken blickt sie dem Feind ins Auge, während
sie laute Alarmrufe ausstößt, ähnlich dem Schlachtgesang,
mit dem der Anführer seine Männer auch noch im
Angesicht der feindlichen Übermacht nach vorn zu
treiben sucht. Die lauten Erregungsrufe der Amseln
fungieren als Frühwarnsystem für alle anderen Vögel in
der Nachbarschaft, insbesondere wenn wieder einmal
eine Katze auf der Pirsch ist. Alarm!

Grive musicienne

Singdrossel

Turdus philomelos

Die Singdrossel ist ein Gesangsprofi alter Schule, ein gern gesehener Gast in unseren Gärten, der jede seiner Belcanto-Nummern mit einer Inbrunst schmettert, als handele es sich um das Finale einer großen Musikgala. Ob Lyrik oder Lebensgeschichte, ihr Gesang ist das Ergebnis jahrelanger Arbeit – da wurde hier etwas ins Repertoire aufgenommen, dort etwas perfektioniert – und wird mit überzeugender innerer Anteilnahme vorgetragen. Dabei spielt es keinerlei Rolle, ob sie auf großer Bühne oder unter der Dusche singt. Sie ist eben eine Vollblut-Sängerin.

Fauvette pitchou

Provencegrasmücke
Sylvia undata

Die Provencegrasmücke kommt in Deutschland nicht vor, ist jedoch an wenigen Orten in Südengland sowie im südlicheren Europa verbreitet. Nie im Traum würde es ihr in den Sinn kommen, sich noch weiter nach Norden vorzuwagen. Für sie ist an der Themse Schluss. Dort beschallt sie aus der sicheren Deckung der Stechginsterbüsche das Ufer mit ihrem markanten rasselnden Trillern. Sehr schade, dass sie nicht abenteuerlustiger ist und wir daher auf sie verzichten müssen.

Mésange bleue

Blaumeise

Cyanistes caeruleus

Wie alle Meisen fällt auch die sonst sehr geschickte Blaumeise nicht gerade durch ihre Sangeskunst auf. Ihre Lautäußerungen beschränken sich auf ein hohes Piepen und Fiepen, das wir – eingehüllt in diese Geräuschkulisse wie in eine Kuscheldecke – schon gar nicht mehr zur Kenntnis nehmen.

Die Gesellschaft einer ganzen Meisenfamilie ist allerdings ein akustisches Fakir-Erlebnis, denn ihre Rufe piksen wie Nadelstiche. Gleich und Gleich gesellt sich nicht nur gern, sondern singt eben auch gern.

Mésange boréale

Weidenmeise
Poecile montanus

Die Weidenmeise ginge auch leicht als Sumpfmeise durch, da beide Arten bis auf minimale Unterschiede in der Zeichnung des Gefieders mehr oder minder gleich aussehen. Ich habe mich für die Weidenmeise entschieden, weil mir der Name besser gefällt. Außerdem findet man in Sümpfen gar keine Sumpfmeisen. Weidenmeisen findet man allerdings auch nicht nur auf Weiden, aber das wollen wir jetzt mal nicht so genau nehmen. Jedenfalls kann man mit beiden Arten Bekanntschaft schließen, wenn man an regnerischen Tagen durch bergige Waldgebiete streift. Zumindest ihr »zizizi« sollte dann nicht zu überhören sein.

Berghänfling
Carduelis flavirostris

In Deutschland nur ein Wintergast, ist der Berghänfling sonst nur in nördlicheren Gefilden zu sichten. Allerdings macht er optisch auch nicht allzu viel her. Er sieht aus wie ein ausgeblichener Bluthänfling oder ein durch die Qualitätskontrolle gefallener Birkenzeisig. Ein Nordlicht, das von der Intelligenz und der Größe her eindeutig ein Fink ist, aber ansonsten sein eigenes Ding macht und sein eigenes Lied singt. Die Stimme des Berghänflings ist tatsächlich sehr charakteristisch und facettenreich. Alles in allem also gar nicht so ohne, unser seltener Wintergast.

Bouvreuil

Gimpel
Pyrrhula pyrrhula

Die Gesangsdarbietung des Gimpels besteht aus einer einfachen melancholischen Melodie, genauer gesagt zwei auf einer Harfe gezupften Mollakkorden. Bekanntlich sind ja die traurigsten Balladen die schönsten, vor allem, wenn sie an einem frostigen, sonnigen Wintertag vorgetragen werden.

chardonneret élégant

Stieglitz
Carduelis carduelis

Finken haben ein breit gefächertes Repertoire an Rufen und Lauten. Mein Favorit ist das helle Zwitschern eines Stieglitzschwarms. Familienangehörige und Freunde geben sich munter trillernd ein Stelldichein, anscheinend aus reiner Freude am gemeinsamen Singen. Leider ist der Stieglitz der einzige Vogel, der auch im Käfig singt. Während die Besitzer verzückt den zauberhaften Melodien ihres Vogels lauschen, wünscht sich der Stieglitz eigentlich nichts sehnlicher als seine Freiheit und Lebensfreude.

Cincle plongeur

Wasseramsel

Cinclus cinclus

Ein Zaunkönig mit Übergewicht? Ein schlechtes Rotkehlchen-Imitat? Ein lebensmüder Haussperling? Eine Mischung aus allem? So eine Wasseramsel hat etwas Verwirrendes, denn sie hebt sich insofern deutlich von den anderen Singvögeln ab, als sie einen Großteil ihrer Zeit tauchend verbringt. Wie ein von der Strömung fortgespülter Ball hüpft sie an Fließgewässern von Stein zu Stein und singt dabei ihre kristallklaren Melodien und Lieder, die ihr wohl der Fluss erzählt haben muss.

Bruant jaune

Goldammer
Emberiza citrinella

Ammern sind grundsätzlich für ihre Geschwätzigkeit bekannt und halten mit ihrem aufgeregten, schrillen Geplapper und ihren Rufen sämtliche Bewohner von Wiesen, Hecken und Hängen akribisch auf dem Laufenden. Da macht auch die Goldammer keine Ausnahme. Sie ist eine echte Plaudertasche und gefällt sich darüber hinaus in der Rolle der Kassandra. Auch ihre Menüwahl zu Mittag singt sie laut heraus: ein schnelles »ti-ti-ti-ti-ti«. Übersetzt soll das wohl heißen: »Ein bisschen Brot, aber bitte ohne Käse.« Na also, so eine Kassandra hat durchaus auch etwas Konstruktives zu sagen …

Bec croisé des sapins

Fichtenkreuzschnabel
Loxia curvirostra

Mein Mathelehrer hat mich mehrmals gefragt, wie ich ohne Zähne Witze erzählen wolle. Ähnliches gilt für den Fichtenkreuzschnabel. Wie soll er mit seinem Kreuzschnabel singen? In beiden Fällen lautet die Antwort: schlecht. Der Fichtenkreuzschnabel hält sich immer dort auf, wo es die meisten Fichtensamen gibt, was in Jahren hoher Samenproduktion zu Zuwanderungen, in Mangeljahren zu Abwanderungen führt. Der Schnabel sieht aus wie eine etwas eigentümlich konstruierte Kneifzange und eignet sich damit eher zum Öffnen von Fichtensamen denn zum gesanglichen Umschmeicheln der Weibchen. Sein Stimmrepertoire beschränkt sich nämlich auf ein gelegentliches »tjök tjök«. Dafür besticht er mit seinem ziegelroten Jackett und seinem Multifunktionsschnabel. Man kann eben nicht alles haben.

Etourneau sansonnet

Star

Sturnus vulgaris

Dieser etwas zerzaust und schmierig wirkende, ungesellige Zeitgenosse ist eigentlich eines unserer größten Gesangstalente. Mit einer großen Vielfalt an ansteigenden oder abfallenden Pfeiftönen sowie allen möglichen Schnalz-, Zisch- und Rätschlauten ist der Star maßgeblich an unserer alltäglichen Geräuschkulisse beteiligt. Ähnlich wie der Beo besitzt auch der Star die für heimische Vogelarten eher seltene Fähigkeit zur Nachahmung von Geräuschen und Tierstimmen, und genau das macht aus dem sonst eher wenig beachteten Star einen Super-Star. Dank seines feinen Ohrs für Geräusche und die Laute anderer Sänger imitiert er Haussperlinge, Kiebitze, Auto-Alarmanlagen und die Klingeltöne von Mobiltelefonen. Besonders überzeugend kommt er als Amsel rüber. Ein an Vielseitigkeit nicht zu überbietender Stimmkünstler.

Abhakliste für die Praxis

Es ist immer eine Freude, einen Vogel zu Gesicht zu bekommen, den man noch nie zuvor gesehen hat. Hier also eine praktische Liste zum besseren Überblick über die bereits gesichteten Arten. Vögel kann man entweder vom Fenster aus beobachten, oder man nimmt sich sein Fernglas und geht hinaus in die Natur. Viel Spaß!

☐ Kiebitz

☐ Rohrdommel

☐ Höckerschwan

☐ Kanadagans

☐ Eiderente

☐ Blässhuhn

☐ Austernfischer

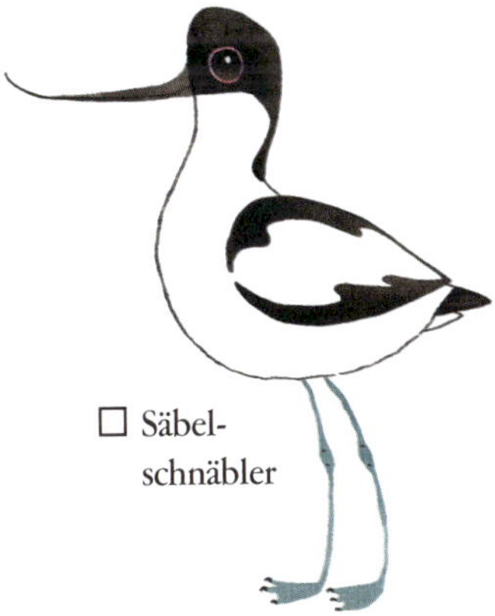

☐ Säbel-
schnäbler

☐ Bekassine

☐ Waldschnepfe

☐ Großer Brachvogel

☐ Mantelmöwe

☐ Silbermöwe

☐ Dreizehenmöwe

☐ Wespenbussard

☐ Steinadler

☐ Wanderfalke

☐ Rotmilan

☐ Steinkauz

☐ Waldohreule

☐ Kolkrabe

☐ Auerhuhn

☐ Wachtelkönig

☐ Kuckuck

☐ Turteltaube

☐ Eisvogel

☐ Ziegenmelker

☐ Rauchschwalbe

☐ Feldlerche

☐ Ohrenlerche

☐ Zaunkönig

☐ Waldlaubsänger/
Fitis/Zilpzalp

☐ Dorngrasmücke

☐ Gartengrasmücke

☐ Bartmeise

☐ Trauerschnäpper

☐ Schwarzkehlchen

☐ Steinschmätzer

☐ Wiesen-
pieper

☐ Rotkehlchen

☐ Nachtigall

☐ Amsel

☐ Singdrossel

☐ Provencegrasmücke

☐ Blaumeise

☐ Weidenmeise

☐ Berghänfling

☐ Gimpel

☐ Stieglitz

☐ Wasseramsel

☐ Goldammer

☐ Fichtenkreuzschnabel

☐ Star

Dank

Mein Dank gilt:
Den Stieglitzen – für alles.
Den Sewells, den Lees und den Roses.
Tim the Jay, Rob Avery, Graunty Christine
und ihrer quietschenden Schubkarre. Jimi the Nuthatch.
Matthew the Horse's Kite fables, Simon Benham,
Matthew Clayton, Jeff, Andrew und Robin von »Caught by
the River« und den Rooks bei »Heavenly«.
Dem Team von »Gas as Interface«
und allen meinen Freunden in London,
Brighton, Shrewsbury, Manchester und Melbourne!

Ein besonderer Dank gebührt Adam und Meg, Leo,
Rach, Gaz, Matt und Jo, Ben und ihren Familien.
The Graunties, Me Tommo You Jane, Adam
und Nora, Desi und den Sims, Nick Fraser,
Danny und Joanne, Zenny, den Stones, Rich
und Cath, Ben und allen bei »Spearfish«, JK, Sam
Coxon, den Cranes, Em und Anthrax, Stevie
Neasden, Pinky, Lonny und Cosmo, den Flies,
Tom und Claire und The Marauder.